Ueber die

Orthographie der deutschen Sprache.

Apologie

des Buchstaben „h“.

Eine Humoreske

von

Prof. Kilian.

Straßburg,
In Commission bei Karl J. Trübner.
1876.

Straßburg, Druck von G. Fischbach. — 732.

Apologie
des Buchstaben „h“
von ihm selbst.

Da es einmal Sitte ist, daß der Unschuldige über den Schuldigen leide, so scheine ich, als der Geringste meiner Brüder, von Anbeginn der Welt, zum Sündenbock aller Irrthümer und Sprachfehler der Deutschen ausersehen. Als zu einem Mörder und Dieb, zieht Geschlecht nach Geschlecht gegen mich aus, und jedes Jahrhundert hat seine Stunde der Finsterniß, da es über mich den blutigsten Kreuzzug predigen läßt. Und da mein Leben nur ein Hauch und Athemzug, so wäre das glimmende Docht meiner sündhaften Tonseele schon längst erloschen, wenn nicht meine Ohnmacht und Niedrigkeit vor dem Angesicht Dessen Gnade gefunden, der da spricht: Meine Kraft ist in den Schwachen mächtig.

Zwar haben sich meine Brüder auf ihr Ehrenwort hin, bei dem Einen Vater unser eidlich dafür verbürgt, daß mir kein Unfall auf dieser hungrigen Brodreise menschlicher Schulweisheit geschehe; denn sie fürchten Alle Gott und zittern vor dem Fluch und Wehe seines Wortes über den, der dieser Geringsten Eines wie mich ärgert. Doch es muß ja Aergerniß kommen und so stellt mich das Deutsche Volk für jedes keusche Ohr und unbefleckte Auge als den Stein des Anstoßes an den Pranger der Schande, und seine Schrift=

gelehrten und Priester versagen mir Exkommunizirten bis auf die dunkelste Ecke im Ruhmestempel des neuen Reiches, da ich zähneknirschend an meine Brust schlagen und seufzen möchte: „Gott sei mir Sünder gnädig".

Doch ich sage Euch, noch immer gehen die Zöllner und Sünder gerechtfertiget hinab vor Gott, der Herzen und Nieren prüft und vor dem kein Ansehen gilt der Person. Und so schüttle ich an der Schwelle Eures Heiligthums den Schul- und Kanzleistaub meiner fluchbeladenen Füße über Euch bemooste Häupter der unbefleckten Sophia. Und Ihr Frauen und Jungfrauen Deutschlands, weint nicht über mich. Ich fürchte nicht die, welche den Leib tödten. Non omnis moriar. Es lebt und bleibt mein Name im Auslande hoch in Ehren und meine Vertheidigung steht bei dem, der bei sich selbst geschworen: „Eher werden Himmel und Erde vergehen als der kleinste Buchstabe oder Titel des Gesetzes". Weint über Euch selbst, Ihr Töchter Germanien's, und über Eure Kinder. Es zieht mit mir die alte Treue und Ehrlichkeit aus dem Lande, und siehe, es werden Zeiten kommen, da Ihr Euch selig preiset, Eure Scham und Blöße mit dem Schatten meines Zeichens zu decken.

Und nun noch ein letztes Wort zum Schlusse. Sind nicht genug Opfer gefallen? Wollt Ihr das Deutsche Vaterland aller Seiner Kinder berauben? Und wie werdet Ihr es wagen, ohne mich vor dem Angesicht Eurer Väter zu erscheinen? Ist es nicht mein Dasein in der Mitte meiner Brüder, daran Eure deutsche Redlichkeit erkannt und ob Ihr mit Wahrheit umgeht? Und seid Ihr nicht als seichte Kundschafter angeschwärzt, wenn Euch ohne mich die Manen Eurer Dichter nicht mehr mahnen, daß der Güter höchstes nicht das Leben? Nein, nicht was mindert, was die Lebenskraft eines Volkes mehrt und erhöht, adelt und reiniget dessen Sprache. Und vermindert Ihr nicht durch meine Verbannung die Wehrkraft, das Wohl und den Ruhm des Deutschen Reiches? Und werdet Ihr ohne meine Härte und Strenge, und Zucht und Zaum, in der

Verweichlichung und Erschlaffung Eurer Sprache und Sitten, noch im Stande sein, die Heldenthaten Eurer Vorfahren mit Gott und Vaterland zu thun? Oder glaubt Ihr nicht mehr, daß wer dieser Geringsten Einen aufnimmt, den aufnimmt, der Alles mit Seinem Worte trägt und der mich mit dem lebendigen Hauch Seines Mundes erschaffen?

Von Menschenhand aus Euren Schriften verworfen, mache ich die Lehre Eurer Weisen zur Leere und ausgedroschenem Stroh; und aus dem Buch Deines Lebens gestrichen, wird Dein Angesicht vor meinem Schatten erbleichen und Deine Gestalt vor meinem Zeichen verfallen, wenn einst Gottes unsichtbarer Finger meinen Namen auf die übertünchte Wand Deiner Schulweisheit hinschreibt, die da irdisch und menschlich, und — gezählt, — zertheilt — und — gewogen, als zu leicht erfunden!

Akademisches Gutachten

der K. Universität Neu-Jeddo.

1. Der Hauch „h", dessen Erzeugung die geringste Modification der Sprachorgane und nur deren ursprüngliches Gleichgewicht fordert, bleibt als die einfachste, physiologische Funktion des menschlichen Sprechinstrumentes auch der historische Anfang der Sprachbildung.

Und sei es, daß die erste Sprach-Evolution, als unmittelbare Anschauung ein mehr leises Hauchen und Sprechen — Phänomen, das nicht unmöglich — sei es, daß der erste Vocalaccord sogleich in seiner musikalischen Fülle mit angesprochen, — immerhin, muß der physikalischen Lautlehre zufolge, der sogenannte unbestimmte Einsatz der Stimme „ha", dem post-positiven bestimmten Einsatz „a" vorausgegangen sein.

2. Die Sprache ist ächt consonantischer Wesenheit. Der Consonant ist der Erstgeborene des Wortes. Die nackten Vocale haben keinen Sinn und die Sprache hat nicht mit dem Sinnlosen angefangen. Der Vocal ist nur der Tonleib der Consonantenseele, und dessen Klangfarbe das Licht und die Physiognomie des Sprachbildes. Denn die Sprachbildung besteht in Sprachbildern und nicht in Sprachlauten. Das Wort ist Licht und Feuer: eine Flamme des Himmels, und die Sprache bleibt die Feuersäule des Fortschrittes und die göttliche Pfingstzunge der Menschheit.

3. Die Anschauung bildet die ursprüngliche Entwickelungsphase der Psyche. Das Sprechen der Kinder beginnt mit Sylben und nimmermehr mit dem Lallen der nackten Vocale, das bekannterweise, die Sprache der Blödsinnigen charakterisirt, welche sich nicht zu den be-

deutsamen Sprachformen der Consonantenbildung erheben. (Und wir stammen doch nicht von Idioten ab, denen die alma mater natura, — welche nach dem Gesetz der Selection nur das Vollkommene fortpflanzt, — die physische Zeugungsfähigkeit versagt.)

Je Consonanten ärmer, desto unreifer und unmenschlicher eine Sprache (man denke nur an die vokalenschwangeren Idiome der Negerstämme Afrika's), deren Bildungsgesetz im Uebergewicht der Consonanten über die Vokale, d. h. der Form über die Klangmaterie besteht.

4. Kein Urwort beginnt mit dem nackten Vokal. Alle Wurzeln sind consonirt. Der spirit. asper (ἁ) gehört der Urperiode an, während der spirit. lenis (ἀ) als ein ächt metamorphisches Gebilde in der Geschichte der Philologie auftritt. Ohr (Hor) stammt von hören, arm von härmen, Ort von Hort, Acker von hacken ꝛc.

Und welch' überwiegende Rolle der unbestimmte Einsatz „ha" über den post-posit. bestimmten Einsatz „a" gespielt, und wie sich der Urconsonant h in die abgeleiteten Lippen-, Zahn- und Kehllaute verwandelt, davon finden sich in allen Sprachdenkmälern die unzweideutigsten Spuren.

Das „h" hat in jener primitiven Bildungsperiode in allen abgestammten Consonanten mehr oder weniger leise mit, vor und nach erklungen, welch' ursprünglicher Sprechmodus sich z. B. im Griechischen, Deutschen, Englischen als tha, pha, rha, ch ꝛc. erhalten. Das th ist kein wesenloses Anhängsel, noch ein willkührlicher Auswuchs einer veralteten Orthographie. Es bleibt eine lebendige Function im Sprachorganismus und ein historischer Niederschlag dessen gesetzlicher Evolutionen, sei es als Metamorphose des ht in th, wie am Ende der Wörter (Rath, roth), sei es als ein durch Synkope direkt gebildeter Doppelconsonant (Thau, Thräne) am Anfang der Wörter und Sylben.

Das einfache ta ist jüngeren Gebildes und gehört nicht dem ideographischen, sondern dem euphonischen Zeitalter an. Das

„h" ist die Grenze und der Markstein zweier historischer Kulturstufen der Menschheit. Es trägt Jahrtausende auf seinem hohen Rücken und seine Züge strotzen von Alterthumskunde und Authentität. Es wäre ein philologisches Verbrechen, diesen wesentlichen Bildungsfactor der physikalischen Lautlehre zu einem rein mechanischen Dehnungszeichen der Vokale zu entseelen oder durch eine irrthümliche Verdoppelung der Stimmlaute ersetzen zu wollen. Noch weniger darf dieses consonantische Stammzeichen als eine mittelalterliche Einschmuggelung unwissender Kanzlisten gebrandmarkt und als eine schimpfliche und barbarische Unsitte geächt werden (wol statt wohl, Urteil statt Urtheil). Seine Einverleibung ist nicht nur der Beglaubigungsakt seines ursprünglichen Familien- und Hausrechtes, es bleibt seine Vermittelung ein Schmuck und eine Zierde der Deutschen Schrift. Der Urconsonant h glänzt zugleich mit der vollendetsten Plastik. Der Schönste von allen Consonantenformen, ist er das Edelweiß unserer Schriftflora und verleiht den Zusammensetzungen hl, hr, hm, hn, ht, ein Ebenmaß und einen Lichtschmelz, eine Würde und Hoheit, deren Lücke unersetzlich, weil ungesetzlich, wäre.

Das h ist immer Consonant und behauptet diese sprachliche Urfunction auch da, wo er seines synkoptischen Gebrauches nach, als scheinbares Dehnungszeichen auftritt (wohl, kahl). Es bildet nämlich der Hauch h seiner physikalischen Genesis zufolge, eine organische Unterbrechung der Schwingungsbänder und also keine stetige Fortdauer desselben Schwingungsmodus.

Die Verdoppelung der Vokale im Gegentheil bildet eine nnunterbrochene Fortdauer desselben Stimmeinsatzes, d. h. eine phonetisch stetige Größe, deren musikalischer Tonwerth nicht durch das unstetige h ersetzt noch damit verwechselt werden darf. Denn überall, wo das h eintritt, bezeichnet es einen organischen Bruch der Stimme und charakterisirt eine neue Sylbe (kahn-kahin, kuh-kuhu).

Also führt die physikalische Lautlehre, die Orthographie einer Sprache auf die Genesis seiner Elemente zurück und stellt Wort und Schrift als einen gesetzlichen Organismus dar, daran kein Jota willkührlich geändert werden kann, ohne das ursprüngliche Gleichgewicht und die Harmonie der euphonischen Oekonomie zu stören.

Zeugen-Verhör.

Erster Zeuge: Buchstabe l und r.

Der Consonanten Fürst h stammt aus uraltem Adelsgeschlecht und groß ist die Herrschaft seiner ruhmvollen Ahnen. Zu einer ersten Audienz begnadigt, sah ich sein königliches Haupt vom Lichtglanz der süßesten Klangfarben umflossen und zu den Füßen seines Thrones die fünf Stammgeschlechter des Landes dienen.

Da ließ er einst alle Töchter des Reiches vor sich rufen und ich allein fand Gnade vor seinem hohen Angesicht. Er legte mir den königlichen Schmuck um, versprach mir das halbe Königreich (hl) und stellte mich als seine Auserwählte zu seiner Rechten. Ein festliches Freuden-Mahl feierte meine Wahl und mit unverbrüchlicher Treue hat seither der fürstliche Freier und Ehegemahl das Ansehen und die Gewalt seiner Schriftzüge dem sanften Schmelz meines Geschlechtes geeint, um das Heil und Wohl aller Zungen des Landes zu sichern.

Ohne die scharfe Wacht meines Zwillingsbruders „r" wäre unser heilige Bund schon längst eine Beute des Verraths geworden. Als Führer und Mehrer des Reiches zu der höchsten Ehre erhoben, steht der Edle als feste Wehr und Burg zur Seite seines Herrn und fördert mit dem Worte seines Mundes Alles was wahr und hehr ist.

Zweiter Zeuge: Das Buchstabenpaar m und n.

Der Silben-Patriarch h hat uns in heiliger Ehrfurcht vor dem Worte Gottes erzogen und mit Engel- und Menschenzungen das Lob der ewigen Weisheit reden lernen. Ernst im Mahnen und treu im Führen, hat Er unser jugendliches Herz vor dem Wahn des leeren Scheines bewahrt und ist uns auf der Bahn des Ruhmes vorangegangen, ohne unserem Verdienst einen anderen Lohn, als den Sieg der Wahrheit zu verheißen.

Sein Schatten des Friedens ist uns ein Schild und ein Schirm für und für.

Dritter und letzter Zeuge: Der Buchstabe „t".

Der Silbenheld „h", mein treuer Kampf- und Bundesgenosse, war stets ein guter Patriot und ich bin Zeuge der vielen Thränen, die der Edle an meiner Seite um die Noth und Zerrissenheit unseres Deutschen Vaterlandes geweint. Und da der Tag der Vergeltung geschlagen, stürmte er der Erste mit donnerndem Hurrah den Heldenreihen voran, zerbrach von Wörth an die blinde Wuth des Feindes in Scherben und gab in hundert blutigen Schlachten sein Leben für das Wohl des Vaterlandes preis. Mit wahrem Siegesjubel und Geistesschwung hat er mit mir den Thron des Deutschen Reiches aus dem Staube gehoben. Und also mit Glanz und Lorbeeren überschüttet, kehrt er an seine bescheidene Stelle zu meiner Seite zurück, opfert mir edelmüthig die Rechte seiner Erstgeburt (ht) und läßt mir überall die Ehre des Vorsitzes (th). „Laß es also sein, haucht er mir leise zu, im Reich der Gerechtigkeit sind die Ersten die Letzten, und die deutsche Sprache ist die Sprache des Rechtes und der Wahrheit.

Urtheil der Geschworenen.

„Der Buchstabe tödtet. Der Geist ist's der da lebendig macht".

Der K. Gerichtshof.

Senator Göthe (Joh. Wolfgang).

Dank Eurem sprachlichen Gewissen und Rechtsgefühl, ist es, Ihr edle HHrn. Geschworenen, unserem hohen Schiedsrichteramt gelungen, dies philologische Verbrechen von dem Neuen Deutschen Reiche abzuwälzen, unsere deutsche Muttersprache vor einer Verstümmelung und Schändung seiner ästhetischen Schriftzüge zu wahren; die Denkmäler seiner großen Todten von einer Entweihung ihrer Namen (Göte, Uland, Mendelson 2c.) und das Andenken unseres Geschlechtes des XIX. Jahrhunderts vor der Lächerlichkeit der Zukunft zu retten.

Oberrichter Werther:

Wir erklären und sprechen hiemit im Namen des K. K. Akademischen Senats den Angeklagten aller Beschuldigungen frei und los, und setzen den Buchstaben „h" als Stammconsonant in alle seine Ehrenämter, Erb- und Familienrechte ein und verurtheilen dessen Gegner zu den Kosten des Prozesses!

FSC
www.fsc.org
MIX
Papier | Fördert gute Waldnutzung
FSC® C083411

Kolibri 360 GmbH
Ferdinand-Jühlke-Straße 7
99095 Erfurt, Deutschland
produktsicherheit@kolibri360.de